北海道の野鳥写真

山田良造

「日本鳥類目録 改定第 6 版 2000」日本鳥学会 による

アビ科
アビ 6
オオハム 7
シロエリオオハム 8
ハシジロアビ 9
カイツブリ科
カイツブリ 10
ハジロカイツブリ 11
ミミカイツブリ 12
アカエリカイツブリ 13
カンムリカイツブリ 14
ウミツバメ科
ハイイロウミツバメ 15
ウ科
カワウ 16
ウミウ 17
ヒメウ 18
サギ科
ゴイサギ 19
アマサギ 20
ダイサギ 21
チュウサギ 22
コサギ 23
カラシラサギ 24
アオサギ 25
コウノトリ科
コウノトリ 26
トキ科
ヘラサギ 27
クロツラヘラサギ 28
カモ科
シジュウカラガン 29
コクガン 30
マガン 31
カリガネ 32
ヒシクイ 33
ハクガン 34
サカツラガン 35
コブハクチョウ 36
ナキハクチョウ 37
オオハクチョウ 38
コハクチョウ 39
アメリカコハクチョウ 40
オシドリ 41
マガモ 42
カルガモ 43
コガモ 44
アメリカコガモ 45
トモエガモ 46
ヨシガモ 47
オカヨシガモ 48
ヒドリガモ 49
アメリカヒドリ 50
オナガガモ 51
シマアジ 52
ハジビロガモ 53
ホシハジロ 54
オオホシハジロ 55
クビワキンクロ 56
キンクロハジロ 57
スズガモ 58
コケワタガモ 59
クロガモ 60
ビロードキンクロ 61
アラナミキンクロ 62
シノリガモ 63
コオリガモ 64
ホオジロガモ 65
ミコアイサ 66
ウミアイサ 67
コウライアイサ 68
カワアイサ 69
タカ科
ミサゴ 70
ハチクマ 71
トビ 72
オジロワシ 73
オオワシ 74
オオタカ 75
ハイタカ 76
ケアシノスリ 77
ノスリ 78
クマタカ 79
ハイイロチュウヒ 80
チュウヒ 81
ハヤブサ科
シロハヤブサ 82
ハヤブサ 83
チゴハヤブサ 84
コチョウゲンボウ 85
チョウゲンボウ 86
ライチョウ科
エゾライチョウ 87
キジ科
ウズラ 88
ツル科
クロヅル 89
タンチョウ 90
ナベヅル 91

カナダヅル 92
マナヅル 93
ソデグロヅル 94
アネハヅル 95
クイナ科
バン 96
オオバン 97
ミヤコドリ科
ミヤコドリ 98
チドリ科
ハジロコチドリ 99
コチドリ 100
シロチドリ 101
メダイチドリ 102
ムナグロ 103
ダイゼン 104
タゲリ 105
シギ科
キョウジョウシギ 106
トウネン 107
ヒバリシギ 108
オジロトウネン 109
アメリカウズラシギ 110
ウズラシギ 111
ハマシギ 112
コオバシギ 113
オバシギ 114
ミユビシギ 115
ヘラシギ 116
エリマキシギ 117
コモンシギ 118
キリアイ 119
オオハシシギ 120
シベリアオオハシシギ 121
ツルシギ 122
アカアシシギ 123
コアオアシシギ 124
アオアシシギ 125
タカブシギ 126
キアシシギ 127
イソシギ 128
ソリハシシギ 129
オグロシギ 130
オオソリハシシギ 131
ホウロクシギ 132
チュウシャクシギ 133
ヤマシギ 134
タシギ 135
オオジシギ 136
アオシギ 137
セイタカシギ科
セイタカシギ 138
ソリハシセイタカシギ 139
ヒレアシシギ科
アカエリヒレアシシギ 140
ツバメチドリ科
ツバメチドリ 141
カモメ科
ユリカモメ 142
セグロカモメ 143
オオセグロカモメ 144
ワシカモメ 145
シロカモメ 146
カモメ 147
ウミネコ 148
スグロカモメ 149
ミツユビカモメ 150
ハジロクロハラアジサシ 151
アジサシ 152
ウミスズメ科
ウミガラス 153
ハシブトウミガラス 154
ケイマフリ 155
ウミスズメ 156
コウミスズメ 157
ウトウ 158
エトピリカ 159
ハト科
キジバト 160
アオバト 161
カッコウ科
カッコウ 162
ツツドリ 163
フクロウ科
シロフクロウ 164
シマフクロウ 165
トラフズク 166
コミミズク 167
コノハズク 168
オオコノハズク 169
アオバズク 170
エゾフクロウ 171
ヨタカ科
ヨタカ 172
アマツバメ科
キタアマツバメ 173
カワセミ科
エゾヤマセミ 174
アカショウビン 175

エゾカワセミ 176

ヤツガシラ科

ヤツガシラ 177

キツツキ科

アリスイ 178

ヤマゲラ 179

クマゲラ 180

エゾアカゲラ 181

エゾオオアカゲラ 182

コアカゲラ 183

エゾコゲラ 184

ヒバリ科

ヒバリ 185

ツバメ科

ショウドウツバメ 186

ツバメ 187

コシアカツバメ 188

イワツバメ 189

セキレイ科

ツメナガセキレイ 190

キセキレイ 191

ハクセキレイ 192

セグロセキレイ 193

ビンズイ 194

タヒバリ 195

サンショウクイ科

サンショウクイ 196

ヒヨドリ科

ヒヨドリ 197

モズ科

モズ 198

アカモズ 199

オオモズ 200

レンジャク科

キレンジャク 201

ヒレンジャク 202

カワガラス科

カワガラス 203

ミソサザイ科

ミソサザイ 204

イワヒバリ科

ヤマヒバリ 205

カヤクグリ 206

ツグミ科

コマドリ 207

ノゴマ 208

コルリ 209

ルリビタキ 210

ノビタキ 211

イソヒヨドリ 212

トラツグミ 213

マミジロ 214

クロツグミ 215

アカハラ 216

マミチャジナイ 217

ツグミ 218

ハチジョウツグミ 219

シロハラ 220

ワキアカツグミ 221

ウグイス科

ヤブサメ 222

ウグイス 223

シマセンニュウ 224

コヨシキリ 225

オオヨシキリ 226

センダイムシクイ 227

キクイタダキ 228

ヒタキ科

キビタキ 229

ムギマキ 230

オオルリ 231

コサメビタキ 232

エナガ科

シマエナガ 233

シジュウカラ科

ハシブトガラ 234

ヒガラ 235

ヤマガラ 236

シジュウカラ 237

ゴジュウカラ科

シロハラゴジュウカラ 238

キバシリ科

キタキバシリ 239

メジロ科

メジロ 240

ホオジロ科

ホオジロ 241

ホオアカ 242

カシラダカ 243

ミヤマホオジロ 244

シマアオジ 245

アオジ 246

クロジ 247

オオジュリン 248

ツメナガホオジロ 249

ユキホオジロ 250

アトリ科

アトリ 251

カワラヒワ 252

マヒワ 253

ベニヒワ 254

ハギマシコ 255

オオマシコ	256
ギンザンマシコ	257
イスカ	258
ナキイスカ	259
ベニマシコ	260
ウソ	261
ベニバラウソ	262
アカウソ	263
イカル	264
シメ	265
ハタオリドリ科	
ニュウナイスズメ	266
スズメ	267
ムクドリ科	
コムクドリ	268
ムクドリ	269
カラス科	
ミヤマカケス	270
カササギ	271
ホシガラス	272
コクマルガラス	273
ミヤマガラス	274
ハシボソガラス	275
ハシブトガラス	276
外来種・キジ科	
コウライキジ	277
外来種・ハト科	
カワラバト（ドバト）	278
外来種・ペリカン科	
モモイロペリカン	279
外来種	
セボシカンムリガラ	280
コクチョウ	281

まえがき

日本で記録された鳥類は、2000年日本鳥学会から出版された「日本鳥類目録改定第6版」には日本産542種と外来種26種が記録されている。この改定版6版を私の写真集は基本にしている。

北海道で記録された野鳥は「北海道鳥類目録」改訂2版　藤巻裕蔵(帯広畜産大学野生動物管理学研究室名誉教授)に434種が収録されているが、私が撮影した野鳥は、300種であるからまだまだと思う。

この写真集は保護された野鳥、ツルクイナ、アカマシコ、キンメフクロウ、更に識別がはっきりしないツクシガモ、クイナ、アシナガシギ、サルハマシギ、ハリオアマツバメ、エゾセンニュウ、エゾビタキ等は外した。しかし北海道に生息する鳥として知られる、エゾライチョウ、シマフクロウ、ヤマゲラ、コアカゲラ、ハシブトガラ等は撮影できた。

北海道と東北の一部で繁殖するクマゲラ、チゴハヤブサ等も撮影できた。

北海道に渡り鳥として渡来するシロハヤブサ、シロフクロウ、ユキホオジロ、ベニヒワ、オオワシ等も撮影できた。

また数が少なくなったナキイスカ、コケワタガモ、アラナミキンクロ、クビワキンクロも撮影できた。バードウォッチャーが知る場所は、市町村の他、探鳥地迄記した。

亜種は便宜的に羽色が異なることから、例えばベニバラウソ、アメリカコガモ等、項目を別にした。

小樽市色内 2004.12.18(夏羽)

アビ

小樽市小樽港 1987.2.10(冬羽)

小樽市小樽港 1989.12.3(冬羽)

オオハム

小樽市色内 2000.1.25(冬羽)

シロエリオオハム

小樽市色内 2000.1.18(はばたき冬羽)

小樽市高島 2001.1.4(冬羽)

ハシジロアビ

小樽市高島 2001.1.4(飛立ち冬羽)

岩見沢市上幌向 1992.8.22(夏羽)

カイツブリ

石狩市美登位 2000.9.29(冬羽)

小樽市高島 1988.12.19(冬羽)

ハジロカイツブリ

苫小牧市弁天 1988.12.13(冬羽)

ミミカイツブリ

幌延町 1996.6.26(夏羽)

アカエリカイツブリ

小樽市小樽港 2003.2.6(冬羽)

当別町当別太 2003.6.6(夏羽)

カンムリカイツブリ

小樽市色内 2001.1.27(冬羽)

厚真町浜厚真 2001.3.12

ハイイロウミツバメ

江別市八幡 2003.3.31(夏羽)

カワウ

小樽市祝津 2000.2.29(夏羽)

ウミウ

小樽市祝津 1997.1.5(冬羽)

小樽市高島 2000.12.17(冬羽)

ヒメウ

小樽市色内 2000.12.15(群れ)

札幌市中央区円山 1994.6.11

ゴイサギ

札幌市中央区円山 1994.6.21(幼鳥)

石狩市八幡 2004.8.7(夏羽)

札幌市北区 2002.10.9(冬羽)

アマサギ

むかわ町鵡川 2000.10.27(冬羽)

ダイサギ

江別市元野幌 1994.9.6(飛翔)

石狩市八幡 1997.10.6(冬羽)

チュウサギ

江別市元野幌 2003.5.3(飛翔夏羽)

石狩市八幡 2001.5.3(夏羽)

コサギ

小樽市新川河口 1995.4.25(夏羽)

カラシラサギ

小樽市新川河口 1995.4.25(飛立ち夏羽)

江別市元野幌 2004.5.30

アオサギ

浦臼町 2002.6.12(黒色型)

石狩市 1993.5.31

コウノトリ

紋別市コムケ 1995.8.31(夏羽・右)他アオサギ

ヘラサギ

クロツラヘラサギ

むかわ町鵡川 2004.6.8(若鳥)

砂川市袋地沼 1999.11.24（手前 7 羽）

シジュウカラガン

美唄市宮島沼 1991.4.17(マガンとシジュウカラガンの雑種)

函館市 1993.2.12(吹雪の日)

コクガン

美唄市 1991.4.17(採餌)

美唄市宮島沼 1983.4.21(飛立ち)

マガン

美唄市宮島沼 1998.4.19

カリガネ

砂川市袋地沼 1998.3.26

苫小牧市ウトナイ湖 2001.11.23(飛翔)

ヒシクイ

美唄市宮島沼 2002.4.21(飛翔)

ハクガン

稚内市大沼 1994.4.30(幼鳥)

稚内市大沼 1994.4.29

サカツラガン

苫小牧市ウトナイ湖 2003.6.21(ヒナ連れ)

コブハクチョウ

帯広市帯広川 2005.10.26

ナキハクチョウ

苫小牧市ウトナイ湖 1996.11.5(黒いのは幼鳥)

苫小牧市ウトナイ湖 2004.6.17(ヒナ連れ)

オオハクチョウ

砂川市袋地沼 1996.4.6(群れ)

コハクチョウ

浦臼町 2001.4.16(飛翔)

新ひだか町静内 1996.11.4

コハクチョウ

(亜種アメリカコハクチョウ)

札幌市中央区円山 1999.4.6(番い)

オシドリ

札幌市中央区円山 1995.6.1(♀ヒナ連れ)

江別市元野幌 1994.6.6(番い)

マガモ

江別市元野幌 1992.7.9(ヒナ連れ)

江別市元野幌 1998.5.6(番い)

カルガモ

旭川市春日 1978.2.11(雪の降る日)

江別市元野幌 2001.5.13(番い)

コガモ

旭川市春日 1979.10.10(飛翔)

札幌市北区 1990.2.14

コガモ

（亜種アメリカコガモ）

新ひだか町静内河口 2005.1.9(♂)

トモエガモ

苫小牧市北大研究林 1992.2.8(番い)

ヨシガモ

帯広市 1999.4.21(番い)

オカヨシガモ

苫小牧市北大研究林 1995.3.20(番い)

ヒドリガモ

音更町十勝川 1998.10.13(群れ)

苫小牧市北大研究林 1995.3.20(♂)

アメリカヒドリ

苫小牧市北大研究林 1995.3.28(番い)

オナガガモ

千歳市長都沼 2001.3.27(群れ)

江別市元野幌 2002.5.11(番い)

シマアジ

江別市 2004.5.15(番い)

ハシビロガモ

苫小牧市北大研究林 1995.3.15(番い)

ホシハジロ

根室市 1981.1.18(番い)

オオホシハジロ

斜里町 1995.1.7(♂)

クビワキンクロ

江別市元野幌 2002.4.13

キンクロハジロ

小樽市小樽港 1995.3.14(番い)

スズカモ

えりも町 1994.2.12(番い)

コケワタガモ

小樽市小樽港 1987.2.10

クロガモ

苫小牧市弁天 2005.4.29(♂)

ビロードキンクロ

苫小牧市弁天 1995.9.21(♀)

えりも町 2006.3.7(♂・奥) 下はクロカモ

アラナミキンクロ

小樽市高島 2000.2.29(番い)

シノリガモ

小樽市小樽港 1988.12.30(群れ)

コオリガモ

苫小牧市北大研究林 2002.2.6(番い)

ホオジロガモ

小樽市小樽港 1988.11.26(小さな群れ)

網走市 1995.1.7 (♀・♂・♂)

ミコアイサ

小樽市色内 1991.1.6（♂・♂・♀）

ウミアイサ

函館市五稜郭 2002.3.22(番い)

コウライアイサ

千歳市千歳川 2004.3.27(番い)

カワアイサ

石狩市美登位 1997.10.3

ミサゴ

石狩市八幡 2005.9.29(飛翔)

室蘭市 1993.2.13(飛翔)

ハチクマ

札幌市東区 2002.7,21(幼鳥)

トビ

江別市角山 1996.12.7(群れ)

江別市角山 1995.3.16(飛立ち)

オジロワシ

江別市豊幌 2004.3.29(幼鳥)

オオワシ

羅臼町 1990.2.10

江別市角山 2002.3.20(幼鳥)

石狩市美登位 2003.5.10

オオタカ

小樽市新川河口 1999.8.28(幼鳥)

ハイタカ

旭川市神楽 1977.7.13(♂)

札幌市白石区 1999.1.1(♀)

ケアシノスリ

むかわ町鵡川 2003.2.2

室蘭市 1980.2.24(飛翔)

岩見沢市 1985.1.12

ノスリ

室蘭市 1999.9.28(飛翔)

浦幌町 1997.11.9

クマタカ

森町砂原 2003.1.15(♀)

ハイイロチュウヒ

江別市角山 1998.8.13

チュウヒ

江別市角山 1998.9.4(幼鳥)

岩見沢市 1987.1.20(中間型)

シロハヤブサ

森町砂原 1993.2.13(淡色型)

小樽市張碓 1999.9.9

ハヤブサ

紋別市コムケ 1990.9.1(幼鳥)

札幌市白石区平和通 1999.8.11

チゴハヤブサ

札幌市清田区 2000.8.20(幼鳥)

岩見沢市 1986.2.6(♀)

コチョウゲンボウ

美唄市 1992.6.21(♂)

チョウゲンボウ

当別町当別太 1999.6.17(♀)

苫小牧市北大研究林 2004.12.9(♂)

エゾライチョウ

千歳市ふ化場 2005.8.5(♀)

岩見沢市上幌向 1985.5.15

ウズラ

鶴居村 1986.1.25

クロヅル

別海町野付 1990.7.16

タンチョウ

釧路市 1994.7.12(ヒナ連れ)

苫小牧市植苗 1996.4.6

ナベヅル

苫小牧市ウトナイ湖 1991.3.2

カナダヅル

むかわ町鵡川 2001.3.19

マナヅル

木古内町 1977.11.1

ソデグロヅル

広尾町 1997.7.18

アネハヅル

江別市元野幌 1994.5.24

バン

長沼町北長沼 1989.7.29(幼鳥)

札幌市東区モエレ 1999.11.28

オオバン

石狩市石狩浜 1998.9.19(若鳥)

ミヤコドリ

紋別市コムケ 1992.9.14

ハジロコチドリ

石狩市石狩浜 2004.9.23(若鳥)

札幌市厚別区 1989.6.17(ヒナ連れ)

コチドリ

新篠津村 1996.6.12

小樽市新川河口 2004.6.1(♂)

シロチドリ

小樽市新川河口 1997.4.9(番い)

むかわ町鵡川 1991.5.15(夏羽)

メダイチドリ

石狩市石狩浜 1997.8.31(冬羽)

むかわ町鵡川 1991.5.6(左夏羽右冬羽)

ムナグロ

むかわ町鵡川 1998.5.4(夏羽)

ダイゼン

小樽市石狩新港 2001.10.4(冬羽)

古平町 1996.3.29(冬羽)

タゲリ

むかわ町鵡川 1991.5.12 (夏羽群れ)

キョウジョウシギ

小樽市新川河口 1995.8.26(夏羽♀)

小樽市石新川河口 2004.6.1(夏羽)

トウネン

石狩市石狩浜 1997.9.4(幼鳥)

むかわ町鵡川 1994.8,28(夏羽)

ヒバリシギ

むかわ町鵡川 1992.9.23(冬羽)

オジロトウネン

むかわ町鵡川 1986.9.28(幼鳥)

アメリカウズラシギ

むかわ町鵡川 1988.5.22(夏羽)

ウズラシギ

むかわ町鵡川 1986.5.13(夏羽)

ハマシギ

小樽市新川河口 1998.10.23(群れ)

厚真町 1988.9.3(冬羽)

コオバシギ

札幌市北区 1994.4.18(夏羽)

オバシギ

小樽市新川河口 1999.8.25(幼鳥)

小樽市石狩新港 2000.5.19(夏羽)

ミユビシギ

小樽市新川河口 1995.9.7(幼鳥・冬羽)

小樽市新川河口 1996.9.10(幼鳥)

ヘラシギ

網走市能取湖 2002.9.1(幼鳥♂)

エリマキシギ

むかわ町鵡川 1990.9.23(幼鳥)

コモンシギ

網走市能取湖 2002.9.1(幼鳥)

キリアイ

当別町美登江 1998.9.28(幼鳥)

オオハシシギ

石狩市八幡 2001.6.15(幼鳥)

シベリアオオハシシギ

苫小牧市ウトナイ湖 1994.5.19(夏羽)

ツルシギ

むかわ町鵡川 1988.9.23(幼鳥)

別海町野付 1990.7.16(夏羽)

アカアシシギ

当別町美登江 2002.8.25(幼鳥羽から冬羽への換羽中)

コアオアシシギ

小樽市石狩新港 1998.9.19(夏羽)

アオアシシギ

美唄市宮島沼 1991.5.29(冬羽飛翔)

当別町当別太 2003.5.6(幼鳥)

タカブシギ

小樽市新川河口 2005.5.5(夏羽)

キアシシギ

小樽市新川河口 1997.9.8(冬羽)

江別市元野幌 1994.6.11

イソシギ

石狩市八幡 2002.9.7(夏羽)

ソリハシシギ

石狩市生振 1993.9.19(夏羽・幼鳥)

オグロシギ

むかわ町鵡川 1991.5.21(夏羽)

オオソリハシシギ

石狩市 1994.9.26(幼鳥)

むかわ町鵡川 1988.9.15

ホウロクシギ

札幌市東区 1996.9.6

チュウシャクシギ

東川町旭岳温泉 1986.7.16(抱卵)

ヤマシギ

石狩市八幡 2001.10.22

タシギ

岩見沢市幌達布 1985.6.17

オオジシギ

札幌市豊平区西岡 1994.3.6

アオシギ

小樽市石狩新港 2000.5.27(夏羽)

セイタカシギ

当別町当別太 2003.4.28(交尾)

苫小牧市弁天 1994.5.28

ソリハシセイタカシギ

紋別市コムケ 1991.5.31(夏羽♀)

アカエリヒレアシシギ

むかわ町鵡川 1988.9.17(幼鳥)

むかわ町鵡川 1989.5.6(夏羽)

ツバメチドリ

厚岸町 1999.4.23(夏羽)

ユリカモメ

小樽市新川河口 1997.10.6(幼鳥・冬羽)

小樽市祝津 1998.1.2(冬羽)

セグロカモメ

小樽市高島 2000.3.31

オオセグロカモメ

小樽市祝津 2003.3.6(夏羽)

ワシカモメ

むかわ町鵡川 1994.4.9(群れ)

シロカモメ

むかわ町鵡川 1994.4.9(飛翔)

石狩市石狩新港 2002.11.29(冬羽)

カモメ

新ひだか町静内 2001.3.12(群れ)

小樽市張碓 2001.9.4(夏羽)

羽幌町天売 1988.5.4(飛翔)

ウミネコ

石狩市八幡 2003.5.25(夏羽)

スグロカモメ

紋別市コムケ 1993.8.13(冬羽)

ミツユビカモメ

石狩市生振 1998.6.28(幼鳥)

ハジロクロハラアジサシ

網走市 1984.8.25(夏羽)

アジサシ

羽幌町天売 1984.7.14(夏羽)

ウミガラス

小樽市小樽港 1988.2.26(冬羽)

小樽市祝津 2002.3.18(夏羽)

ハシブトウミガラス

小樽市祝津 2002.3.18(はばたき)

羽幌町天売 1978.7.14(夏羽)

ケイマフリ

厚真町浜厚真 2001.3.16(冬羽)

小樽市祝津 1996.12.16(冬羽)

ウミスズメ

岩見沢市駅前 1984.1.17(冬羽嵐の時内陸灯に衝突)

コウミスズメ

羽幌町天売 2001.6.7(夏羽)

ウトウ

浜中町霧多布 1989.7.15(夏羽・番い)

エトピリカ

喜茂別町中山峠 1996.7.8

キジバト

千歳市 2002.5.17(水を飲む)

苫小牧市北大研究林 2003.11.2(♀)

アオバト

小樽市張碓 1997.8.27 (♂・海水を飲む)

札幌市東区 2005.6.17

カッコウ

別海町走古丹 2000.6.13(飛び立ち)

札幌市豊平区西岡 1999.5.17

ツツドリ

千歳市ふ化場 2001.5.15(赤色型)

岩見沢市上幌向 1993.2.2(♂)

シロフクロウ

羅臼町 2003.6.23

シマフクロウ

札幌市手稲区前田 2004.6.11

トラフズク

旭川市神楽 1975.7.21(幼鳥)

江別市角山 1998.11.27

コミミズク

岩見沢市利根別 1983.9.9

コノハズク

鷹栖町嵐山 1978.7.10

オオコノハズク

千歳市ふ化場 1989.6.24

アオバズク

千歳市ふ化場 1989.7.30(巣立ち)

江別市野幌 1997.12.11

穂別町 1999.6.3(ヒナ)

フクロウ

（亜種エゾフクロウ）

千歳市 1997.7.24

ヨタカ

根室市落石 1992.6.26

アマツバメ

（亜種キタアマツバメ）

千歳市ふ化場 2001.3.5(♂)

ヤマセミ

（亜種エゾヤマセミ）

札幌市清田区 1991.12.23(♀)

札幌市豊平区西岡 1992.5.20

アカショウビン

恵庭市 1994.7.22(♂)

カワセミ

(亜種エゾカワセミ)

恵庭市 1996.8.18(幼鳥)

積丹町 1992.3.29

ヤツガシラ

当別町当別太 1989.6.4

アリスイ

札幌市豊平区西岡
1994.1.22(♂)

千歳市支笏湖 2000.9.20(♀)

ヤマゲラ

クマゲラ

札幌市豊平区西岡
2000.3.1(♂)

札幌市豊平区西岡 2000.2.26(♀)

札幌市豊平区西岡 1999.2.24(♂)

札幌市豊平区西岡 1999.1.8(♀)

アカゲラ

(亜種エゾアカゲラ)

札幌市豊平区西岡
1991.5.29(♂)

札幌市豊平区西岡 1991.5.20(♀)

オオアカゲラ

(亜種エゾオオアカゲラ)

当別町当別太 1989.6.19(♂)

コアカゲラ

美唄市 1999.5.22(♀)

江別市野幌
1993.5.15(番い)

札幌市豊平区西岡 1994.1.3(♀)

コゲラ

(亜種エゾコゲラ)

札幌市東区モエレ 2002.8.6

江別市元野幌 1997.6.15(さえずり飛翔)

ヒバリ

石狩市美登位 2004.6.1

ショウドウツバメ

石狩市美登位 1996.8.3(営巣)

江別市 2005.7.14(営巣)

ツバメ

羽幌町天売 1988.5.4

コシアカツバメ

岩内町 2004.6.24(営巣)

イワツバメ

ツメナガセキレイ

幌延町
1999.6.22(夏羽)

石狩市生振 1991.6.5(冬羽)

札幌市南区 2002.4.29(夏羽♂)

キセキレイ

恵庭市 1993.7.3(♀)

小樽市新川河口 1997.4.17(夏羽)

ハクセキレイ

札幌市東区 2005.6.10(巣立ち)

苫小牧市北大研究林 2002.2.21

セグロセキレイ

札幌市手稲区前田 1995.5.15

ヒンズイ

別海町野付 1998.10.6(冬羽)

タヒバリ

苫小牧市 2000.6.18(♂)

サンショウクイ

札幌市南区
1998.3.3

ヒヨドリ

石狩市生振 1994.2.20(樹液を吸む)

岩見沢市幌達布 1985.6.25(♂)

モズ

江別市元野幌 2000.6.17(♀)

石狩市厚田 2004.7.15(番い)

アカモズ

札幌市東区モエレ 2001.10.17

オオモズ

札幌市西区琴似 1997.1.7

キレンジャク

札幌市西区琴似 2001.12.23(飛翔)

札幌市豊平区西岡 1995.3.3(餌採り)

ヒレンジャク

札幌市豊平区月寒 1995.5.5

カワガラス

札幌市南区
2004.5.22(親子)

札幌市南区 2000.3.26

札幌市南区 1994.4.26(さえずり)

ミソサザイ

札幌市清田区平岡 1997.2.24

ヤマヒバリ

札幌市南区 1996.4.27

カヤクグリ

札幌市南区 1998.4.28(♂)

コマドリ

紋別市オムサロ
1994.7.15(♂)

紋別市オムサロ 1990.6.30(♀)

ノゴマ

千歳市 2001.8.7(♂)

コルリ

千歳市支笏湖 2002.7.29(幼鳥)

札幌市南区 1998.4.22(♂・夏羽)

ルリビタキ

札幌市西区 1997.5.2(♀)

札幌市白石区東米里 1996.6.21(♂)

江別市元野幌 1996.4.27(♀)

ノビタキ

苫小牧市 2000.2.14(♂)

イソヒヨドリ

小樽市塩谷 1990.8.3(番い)

札幌市南区
1998.3.3(採餌)

苫小牧市北大研究林 1991.2.18

トラツグミ

鷹栖町嵐山 1979.5.25(♂)

マミジロ

千歳市 2003.5.21(♂)

千歳市ふ化場 1991.6.25(♀)

クロツグミ

札幌市豊平区西岡 1999.5.21(♀)

アカハラ

札幌市豊平区西岡 2005.5.5(♂)

マミチャジナイ

札幌市豊平区 1996.1.19

ツグミ

札幌市南区 2003.12.31

ツグミ

(亜種ハチジョウツグミ)

札幌市中央区円山 1986.3.18

シロハラ

札幌市豊平区 1995.3.5

ワキアカツグミ

千歳市 2004.9.2

ヤブサメ

札幌市清田区 1992.5.4

千歳市 2005.10.5(水浴び)

ウグイス

別海町野付 1994.7.13

シマセンニュウ

江別市角山 1996.6.14

江別市元野幌 1997.7.10(営巣)

コヨシキリ

札幌市東区 2004.5.30(さえずり)

オオヨシキリ

旭川市花咲町 1978.6.2(交尾)

札幌市豊平区西岡 1998.4.30(さえずり)

センダイムシクイ

札幌市南区 1997.4.25(♀)

キクイタダキ

千歳市 2003.10.20(♂)

札幌市豊平区西岡 1997.5.7(♂)

キビタキ

鷹栖町嵐山 1981.6.24(♀)

札幌市中央区旭山 2003.5.12(♂)

ムギマキ

札幌市豊平区西岡 1996.5.20(♀)

札幌市東区モエレ 2005.5.20(♂)

千歳市 1994.5.19(♀)

オオルリ

千歳市ふ化場 1993.6.19(営巣)

コサメビタキ

千歳市 2003.10.21(水浴び)

旭川市春光台 1979.6.17(巣立ち)

エナガ

(亜種シマエナガ)

千歳市 1993.10.21(水浴び)

ハシブトガラ

苫小牧市北大研究林 2002.8.30

ヒガラ

千歳市 2002.7.26

ヤマガラ

千歳市 2005.10.20(♂)

シジュウカラ

札幌市豊平区西岡 1994.3.10(♀)

札幌市豊平区西岡 1994.3.10

ゴジュウカラ

(亜種シロハラゴジュウカラ)

江別市野幌 2002.4.16

キバシリ

(亜種キタキバシリ)

札幌市豊平区西岡 1997.5.12

メジロ

札幌市南区 1997.8.2(♂)

ホオジロ

札幌市清田区 1995.6.12(♂)

ホオアカ

苫小牧市北大研究林 1998.3.10(♂)

カシラダカ

苫小牧市北大研究林 1997.1.12(♂)

ミヤマホオジロ

苫小牧市北大研究林 1997.1.31(♀)

苫小牧市植苗
1999.6.9(♂)

シマアオジ

江別市元野幌 1998.6.22(♀)

江別市元野幌 1998.6.18(♂)

アオジ

江別市野幌 1993.5.15(♀)

千歳市 2005.6.14(♂)

クロジ

石狩市八幡 2002.7.28(♂)

オオジュリン

江別市元野幌 1998.6.22(♀)

むかわ町鵡川 2003.1.26(冬羽)

ツメナガホオジロ

むかわ町鵡川 2004.2.14(冬羽)

ユキホオジロ

むかわ町鵡川 2004.2.14(群れ)

札幌市白石区 1998.1.8(冬羽)

アトリ

石狩市八幡 2001.5.30(番い)

カワラヒワ

苫小牧市ウトナイ湖 1991.3.1(♂)

札幌市南区真駒内 2002.12.19(♀)

マヒワ

江別市角山 1996.12.12(番い)

ベニヒワ

むかわ町鵡川 2003.2.2(♂)

ハギマシコ

旭川市春光台 1977.4.25(番い)

オオマシコ

旭川市春光台 1977.4.25

札幌市西区山の手 1992.2.9(♂)

ギンザンマシコ

札幌市西区山の手 1992.1.12(♀)

苫小牧市文化公園 2002.12.20(♂)

イスカ

札幌市東区モエレ 2004.4.19(群れ)

旭川市神楽 1978.2.29(♂)

根室市落石 1991.1.13(♀)

ナキイスカ

東川町旭岳温泉 2001.7.5(♂)

ベニマシコ

紋別市コムケ 1991.6.28(♀)

札幌市中央区円山 1999.2.23(♂)

ウソ

札幌市中央区円山 1995.3.10(♀)

札幌市中央区円山 2003.2.23(♂)

ウソ

(亜種ベニバラウソ)

札幌市中央区円山 1997.3.5(♀)

札幌市中央区円山 1999.2.23(♂)

ウソ

(亜種アカウソ)

苫小牧市北大研究林 1995.5.18

イカル

千歳市 2002.5.13(夏羽・♂)

苫小牧市北大研究林 1994.10.30(冬羽)

シメ

苫小牧市北大研究林 1993.5.5(夏羽・♂)

ニュウナイスズメ

石狩市八幡 1999.6.21(夏羽・♀)

苫小牧市北大研究林 1992.11.21

スズメ

札幌市北区篠路 2005.5.25(♂)

コムクドリ

江別市角山 1996.7.2(♀)

札幌市北区茨戸 1998.2.24

ムクドリ

札幌市東区モエレ 2001.10.26

カケス

（亜種ミヤマカケス）

苫小牧市勇払 1998.4.1

カササギ

札幌市東区モエレ 1998.12.12

ホシガラス

札幌市東区モエレ 1998.12.12

厚真町 2001.2.20

コクマルガラス

石狩市生振 2004.11.8

ミヤマガラス

苫小牧市北大研究林 2002.4.2

ハシボソガラス

札幌市中央区中島公園 1993.11.23

ハシブトガラス

キジ
(亜種コウライキジ)

札幌市北区
2002.7.21(♀)

江別市元野幌 2002.5.24(♂)

札幌市中央区道庁前 1986.6.23

カワラバト（ドバト）

当別町美登江 1998.7.19(動物園から逃げた説)

モモイロペリカン

北広島市 1991.1.27(飼鳥が逃げた説)

セボシカンムリガラ

苫小牧市苫小牧川 1998.7.11(動物園から逃げた説)

コクチョウ

あ

アオアシシギ 125
アオサギ 25
アオジ 246
アオシギ 137
アオバズク 170
アオバト 161
アカアシシギ 123
アカエリカイツブリ 13
アカエリヒレアシシギ 140
アカゲラ（エゾアカゲラ） 181
アカショウビン 175
アカハラ 216
アカモズ 199
アジサシ 152
アトリ 251
アネハヅル 95
アビ 6
アマサギ 20
アマツバメ
（キタアマツバメ） 173
アメリカウズラシギ 110
アメリカヒドリ 50
アラナミキンクロ 62
アリスイ 178

い

イカル 264
イスカ 258
イソシギ 128
イソヒヨドリ 212
イワツバメ 189

う

ウグイス 223
ウズラ 88
ウズラシギ 111
ウソ 261
ウソ（アカウソ） 263
ウソ（ベニバラウソ） 262
ウトウ 158
ウミアイサ 67
ウミウ 17
ウミガラス 153
ウミスズメ 156
ウミネコ 148

え

エゾライチョウ 87
エトピリカ 159
エナガ（シマエナガ） 233
エリマキシギ 117

お

オオアカゲラ
（エゾオオアカゲラ） 182
オオコノハズク 169
オオジシギ 136
オオジュリン 248
オオセグロカモメ 144
オオソリハシシギ 131
オオタカ 75
オオハクチョウ 38
オオハシシギ 120
オオハム 7
オオバン 97
オオホシハジロ 55
オオマシコ 256
オオモズ 200
オオヨシキリ 226
オオルリ 231
オオワシ 74
オカヨシガモ 48
オグロシギ 130
オシドリ 41
オジロトウネン 109
オジロワシ 73
オナガガモ 51
オバシギ 114

か

カイツブリ 10
カケス（ミヤマカケス） 270
カササギ 271
カシラダカ 243
カッコウ 162
カナダヅル 92
カモメ 147
カヤクグリ 206
カラシラサギ 24
カリガネ 32
カルガモ 43
カワアイサ 69
カワウ 16
カワガラス 203
カワセミ（エゾカワセミ） 176
カワラバト（ドバト） 278
カワラヒワ 252
カンムリカイツブリ 14

き

キアシシギ 127

キクイタダキ 228
キジ（コウライキジ） 277
キジバト 160
キセキレイ 191
キバシリ（キタキバシリ） 239
キビタキ 229
キョウジョウシギ 106
キリアイ 119
キレンジャク 201
キンクロハジロ 57
ギンザンマシコ 257

く

クビワキンクロ 56
クマゲラ 180
クマタカ 79
クロガモ 60
クロジ 247
クロツグミ 215
クロツラヘラサギ 28
クロヅル 89

け

ケアシノスリ 77
ケイマフリ 155

こ

コアオアシシギ 124
コアカゲラ 183
ゴイサギ 19
コウノトリ 26
コウミスズメ 157
コウライアイサ 68
コオバシギ 113
コオリガモ 64
コガモ 44
コガモ（アメリカコガモ） 45
コクガン 30
コクチョウ 281
コクマルガラス 273
コゲラ（エゾコゲラ） 184
コケワタガモ 59
コサギ 23
コサメビタキ 232
コシアカツバメ 188
ゴジュウカラ
（シロハラゴジュウカラ） 238
コチドリ 100
コチョウゲンボウ 85
コノハズク 168
コハクチョウ 39
コハクチョウ
（アメリカコハクチョウ） 40
コブハクチョウ 36
コマドリ 207
コミミズク 167
コムクドリ 268
コモンシギ 118
コヨシキリ 225
コルリ 209

さ

サカツラガン 35
サンショウクイ 196

し

シジュウカラ 237
シジュウカラガン 29
シノリガモ 63
シベリアオオハシシギ 121
シマアオジ 245
シマアジ 52
シマセンニュウ 224
シマフクロウ 165
シメ 265
ショウドウツバメ 186
シロエリオオハム 8
シロカモメ 146
シロチドリ 101
シロハヤブサ 82
シロハラ 220
シロフクロウ 164

す

スグロカモメ 149
スズガモ 58
スズメ 267

せ

セイタカシギ 138
セグロカモメ 143
セグロセキレイ 193
セボシカンムリガラ 280
センダイムシクイ 227

そ

ソデグロヅル 94
ソリハシシギ 129
ソリハシセイタカシギ 139

た

ダイサギ　21
ダイゼン　104
タカブシギ　126
タゲリ　105
タシギ　135
タヒバリ　195
タンチョウ　90

ち

チゴハヤブサ　84
チュウサギ　22
チュウシャクシギ　133
チュウヒ　81
チョウゲンボウ　86

つ

ツグミ　218
ツグミ
（ハチジョウツグミ）219
ツツドリ　163
ツバメ　187
ツバメチドリ　141
ツメナガセキレイ　190
ツメナガホオジロ　249
ツルシギ　122

て

と

トウネン　107
トビ　72
トモエガモ　46
トラツグミ　213
トラフズク　166

な

ナキイスカ　259
ナキハクチョウ　37
ナベヅル　91

に

ニュウナイスズメ　266

ぬ　ね

の

ノゴマ　208
ノスリ　78
ノビタキ　211

は

ハイイロウミツバメ　15
ハイイロチュウヒ　80
ハイタカ　76
ハギマシコ　255
ハクガン　34
ハクセキレイ　192
ハシジロアビ　9
ハシビロガモ　53
ハシブトウミガラス　154
ハシブトガラ　234
ハシブトガラス　276
ハシボソガラス　275
ハジロカイツブリ　11
ハジロクロハラアジサシ 151
ハジロコチドリ　99
ハチクマ　71
ハマシギ　112
ハヤブサ　83
バン　96

ひ

ヒガラ　235
ヒシクイ　33
ヒドリガモ　49
ヒバリ　185
ヒバリシギ　108
ヒメウ　18
ヒヨドリ　197
ヒレンジャク　202
ビロードキンクロ　61
ヒンズイ　194

ふ

フクロウ（エゾフクロウ）171

へ

ベニヒワ　254
ベニマシコ　260
ヘラサギ　27
ヘラシギ　116

ほ

ホウロクシギ　132
ホオアカ　242
ホオジロ　241
ホオジロガモ　65
ホシガラス　272
ホシハジロ　54

ま

マガモ　42
マガン　31

マナヅル 93
マヒワ 253
マミジロ 214
マミチャジナイ 217

み

ミコアイサ 66
ミサゴ 70
ミソサザイ 204
ミツユビカモメ 150
ミミカイツブリ 12
ミヤコドリ 98
ミヤマガラス 274
ミヤマホオジロ 244
ミユビシギ 115

む

ムギマキ 230
ムクドリ 269
ムナグロ 103

め

メジロ 240
メダイチドリ 102

も

モズ 198
モモイロペリカン 279

や

ヤツガシラ 177
ヤブサメ 222
ヤマガラ 236
ヤマゲラ 179
ヤマシギ 134
ヤマセミ（エゾヤマセミ）174
ヤマヒバリ 205

ゆ

ユキホオジロ 250
ユリカモメ 142

よ

ヨシガモ 47
ヨタカ 172

ら　り

る

ルリビタキ 210

れ　ろ

わ

ワキアカツグミ 221
ワシカモメ 145

あとがき

1965 年頃のことだった。野山を歩くことが好きで、札幌近郊をよく歩いていた。野幌周辺には小さな沼が点在する湿原があった。シラカバ、ハンノキが生え、イソツツジの群落が続いていた。その枝先にはシマアオジが止まり、ヒーヒー、チョリチョリと透明な声でさえずり、ノビタキはビリョー、チョイチョイと明るくさえずる。カッコウののどかな声もして、朝霧に包まれたこの湿原は、まるで墨絵を見るようだった。以来、野鳥と自然の美しさに魅せられ、野鳥観察を続けることになった。

1975 年からは、野鳥を写真記録で撮りはじめた。1 枚の写真は多くの文字でも表現できない、その場を的確に再現し記録してくれる。しかし野鳥にとって人間ほど恐ろしいものはない。人が近づくと警戒して逃げることは勿論である。

野鳥と付き合うには、野鳥の生態を知り、驚かさないよう注意して行動する。ましてや写真を撮るとなると、ブラインドを張ったり、また車をブラインドがわりにする等、守るべきことは多い。

数年前迄は、シマアオジのさえずりが何処に行っても聞こえたが、今は数箇所よりいない。少なくなった野鳥たちを、種の絶滅につながらないように守って頂きたいものだ。

念願であった写真集の出版に際し、小堀煌治、森岡照明、小川厳氏等多くの方々にお世話になりました。時空工房代表・蒲原裕美子氏をはじめ、印刷会社の協力を得て日の目を見たことに感謝したい。

山田良造 （やまだりょうぞう）

1929 年 秋田県山本郡三種町下岩川に生まれる。
1965 年 野鳥の美しさに魅せられ、野鳥観察をはじめる。
1972 年 旭川野鳥の会発足に伴い 会員
1976 年 日本野鳥の会、日本鳥類保護連盟会員、野鳥写真撮影
1991 年 日本鳥類保護連盟専門委員
現在　　日本野鳥の会、日本鳥類保護連盟、北海道野鳥愛護会会員

参考文献

「日本鳥類目録 2000 改定第 6 版」日本鳥学会

「フィールドガイド日本の野鳥」高野伸二／日本野鳥の会

「北海道の野鳥図鑑」河井大輔・川崎康弘・島田明英・諸橋淳／亜璃西社

「日本の野鳥 590 」真木広造・大西敏一／平凡社

「北海道の野鳥」北海道新聞社

「日本野鳥写真大全」大橋弘一・諸角寿一／クレオ

「日本産鳥類図鑑」高野伸二他／東海大学出版会

「日本の鳥 550 山野の鳥」五百沢日丸・山形則男・吉野俊幸 ／文一総合出版

「日本の鳥 550 水辺の鳥」桐原政志・山形則男・吉野俊幸／文一総合出版

「鳥 630 図鑑」日本鳥類保護連盟 ／日新印刷

北海道の野鳥写真

2006年　8月10日　初版発行
著　者　　山田良造
発行所　　共同文化社
〒060-0033 札幌市中央区北3条東5丁目
Tel 011-251-8078
制　作　　蒲原裕美子(時空工房)
印　刷　　(株)アイワード
定　価　　2,500円(本体2,381円＋税)

ISBN4-87739-132-0